重庆市规划和自然资源局科普丛书

重庆古生物化石

Paleontological Fossils in Chongqing

代　辉　魏嫛英　熊　璨
王荀仟　王　萍　余海东　编著

中国地质大学出版社
CHINA UNIVERSITY OF GEOSCIENCES PRESS

图书在版编目（CIP）数据

重庆古生物化石／代辉等编著．—武汉：中国地质大学出版社，2024.3
ISBN 978-7-5625-5811-8

I. ①重… II. ①代… III. ①古生物 - 化石 - 研究 - 重庆 IV. ① Q911.727.19

中国国家版本馆 CIP 数据核字（2024）第 059495 号

| 重庆古生物化石 | 代　辉　魏翌婴　熊　璨 | 编著 |
| | 王苟仟　王　萍　余海东 | |

责任编辑：王凤林　　　　　　　　　　　　　　责任校对：张咏梅

出版发行：中国地质大学出版社（武汉市洪山区鲁磨路 388 号）　　　邮编：430074
电话：（027）67883511　　　传真：（027）67883580　　E-mail:cbb@cug.edu.cn
经销：全国新华书店　　　　　　　　　　　　http://cugp.cug.edu.cn

开本：787mm×960mm　1/16　　　　字数：130 千字　印张：6.75　插页：1
版次：2024 年 3 月第 1 版　　　　　　　印次：2024 年 3 月第 1 次印刷
印刷：湖北睿智印务有限公司

ISBN 978-7-5625-5811-8　　　　　　　　　　　　　　　定价：48.00 元

如有印装质量问题请与印刷厂联系调换

前 言 Preface

　　化石记录是解读生物起源与演化最直接的证据，它可以向我们叙说地球上曾经存在的数不胜数的生物，也能向我们讲述地球上曾经发生过的一幕幕生物大灭绝和大辐射事件。通过化石，我们可以解读地球的古环境、古地理、古气候、地质变迁，特别是与地球生物相关的板块运动等。

　　重庆地区含化石的层位较为广泛，从新元古界青白口系至新生界第四系均有出露，各地层中蕴含着丰富的化石资源。如果在重庆沿着生命的历史进程旅行，我们会看到在人类出现之前就已经结束的一场远远超出我们想象的更为恢弘、更为精彩的大戏，大量具有不同特征、扮演不同角色的物种，在许多场景中出现、繁盛，最终消亡。

　　重庆古生物化石研究历史悠久，取得了辉煌且瞩目的成果。古生物化石是地球留给我们的不可再生的、珍贵的自然遗产，向我们展示地球过往的印记，让我们了解生命的起源、演化及更替，更好地了解自然、保护自然，最终实现人与自然和谐发展。

　　本书是在重庆市规划和自然资源局的支持下，由肖明、

李宁、伊剑、胡海虔、李德亮、刘峰、陈威、彭曼、林雨、谭超、马
檠宇等参与完成。本书是按照时间顺序、根据以往古生物化石调查
及研究成果梳理总结而成的。希望读者通过这本书，能够更加了解
重庆的古生物化石；通过对化石的解读，学到更多的远古生命知识，
进一步了解大自然、爱护大自然，呵护人类的生存环境。

目 录 Contents

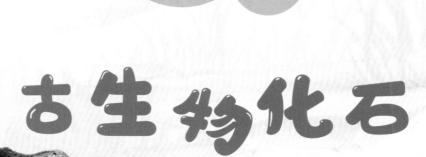

古生物化石

PALEONTOLOGICAL

FOSSILS

一

（一）什么是化石

化石（fossil）是指地质历史时期形成的并赋存于地层中的动物和植物的遗体及遗迹。化石有实体、模铸、遗迹和分子四种保存类型。

实体化石：生物遗体形成的化石，如恐龙骨骼、软体动物、硅化木、植物孢粉、琥珀中的昆虫等。

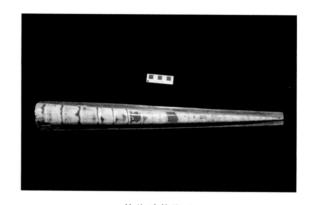

软体动物化石

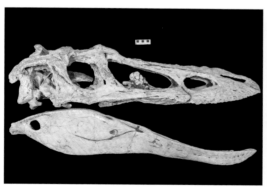

恐龙头骨

硅化木

琥珀中的昆虫

模铸化石：生物遗体在岩层中留下的痕迹，包括印痕、印模、铸型等。

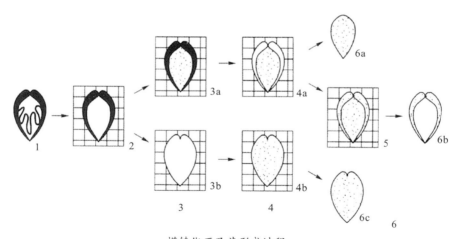

模铸化石及其形成过程

1. 双壳类壳瓣及内部软体；2. 软体腐烂；3a. 壳内被充填；3b. 壳瓣溶解；4a. 被充填后壳瓣溶解；
4b. 原壳体所占空间被充填；5. 原壳瓣处被充填；6a. 内核；6b. 铸型；6c. 外核

遗迹化石：生命活动的遗物和痕迹形成的化石，如恐龙足迹、恐龙蛋、粪便化石、恐龙胃石、爬行迹、皮肤（印痕）等。

恐龙足迹

恐龙胃石

恐龙蛋

恐龙皮肤（印痕）

分子化石：地质历史时期生物有机质软体部分虽然遭受破坏未能保存为化石，但分解后的有机成分，如脂肪酸、氨基酸等仍可残留在岩层中，这些物质仍具一定的有机化学分子结构，需要借助一些现代化的手段和分析设备才能把它们从岩层中分离或鉴定出来。

爬行迹

（二）化石的形成

一个古生物能否保存为化石，主要取决于以下两个方面的条件。

（1）生物死亡或活着时被泥沙冲积迅速埋藏。

（2）被埋藏的生物体在一定地史时间内，经过岩层的充填、置换、矿化等石化作用而固结形成化石。

岩石中能够被保存下来的化石，只是生物中的一小部分。

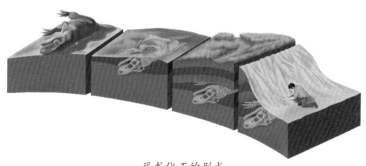

恐龙化石的形成

（死亡—腐烂—埋藏—漫长的时间—水和矿物质的置换作用—风化剥蚀）

（三）化石的意义

地球上曾出现过不计其数的不同特征、不同类型的古生物，这些古生物化石是不可再生的、珍贵的自然资源，同时古生物化石的研究成果对多个学科具有重要的影响。

（1）划分地质年代：通过研究各类古生物在各个地质时代和地理上的分布特点，找出它们发展和演化的规律，利用生存时间短、分布范围广、特征明显、生物数量多的标准化石来指导地层的划分和相对地质年代的确定。

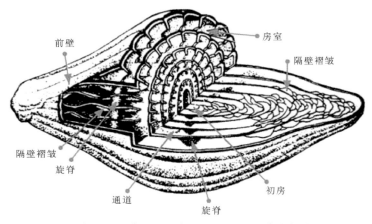

石炭纪和二叠纪的标准化石——蟆及其结构图

（2）为生物演化提供证据：多年来，生命起源和演化一直是人类不断探索的问题，也是古生物学研究的重点，许多古生物化石的发现为生物演化理论提供了最基本的化石证据。

（3）恢复古地理和古环境：通过分析古生物特征及保存古生物化石的岩层特征，恢复各个地质时期的古地理和古环境，为研究地壳的海陆变迁提供必要的资料。

（4）寻找矿产资源：对一些微体古生物化石的研究，如有孔虫、介形虫和牙形石等，可将其应用在石油勘探和矿产资源开发等领域中。

迄今为止发现最早的带羽毛恐龙——赫氏近鸟龙

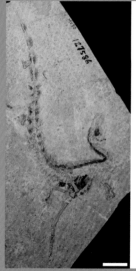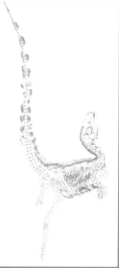

中国发现的第一个带毛恐龙——中华龙鸟
(复原图－化石－骨骼)

（四）生物分类

关于生物与化石的分类标准和方法有很多，当前古生物学研究中所涉及的化石主要属于原生生物界、动物界和植物界。

【化石小·知识：生物的分类等级】

生物的基本分类等级是界、门、纲、目、科、属、种。种是生物分类最基本的单位。同源相近的种归并为属；同源相近的属归并为科；以此类推，同源的门归并为界。

例子：人。人属于动物界—脊索动物门—哺乳纲—灵长目—人科—人属—人。

【化石小·知识：古生物的命名】

生物各级分类单位均采用拉丁文或拉丁化文字来命名。属（或亚属）及其以上的分类群采用单名，即用一个拉丁词来表示。种的名称则需要用两个词来表示，即在种本名前冠以其归属的属名，才能构成一个完整的种名，称为双名法。种名的第一个字母小写，属名的第一个字母大写。对于亚种的命名，则要用三名法，即在种名之后，再加上亚种名。在印刷和书写时，属及属以下单元的名称字母均用斜体。

例子：种——普安云阳龙 *Yunyangosaurus puanensis*。*Yunyangosaurus* 是属名，*Yunyangosaurus puanensis* 是种名。亚种——巴氏大熊猫 *Ailuropoda melanoleuca baconi*。*Ailuropoda* 是属名，*Ailuropoda melanoleuca* 是种名，*baconi* 是亚种名。

动、植物界分类［引自杜远生《古生物地史学概论（第三版）》，2022］

单细胞原生动物							原生动物
多细胞后生动物	侧生动物（两层细胞）						海绵动物门、古杯动物门
	真后生动物	三胚层、两侧对称动物	两胚层、辐射对称动物				腔肠动物门
			无体腔动物				扁形动物门
			假体腔动物				线形动物门
			真体腔动物	体腔不分隔动物			软体动物门
				原口动物			环节动物门、节肢动物门
				原口—后口过渡动物			帚虫动物门、苔藓动物门、腕足动物门
				后口动物	无脊索动物		棘皮动物门
					半索动物		半索动物门
					脊索动物	脊索动物门	尾索动物亚门
							头索动物亚门
							脊椎动物亚门
水生植物							藻类（原生生物界）
陆生植物	无维管系统	苔藓植物					苔藓植物门
	有维管系统（维管植物）	孢子繁殖	蕨类植物				原蕨植物门
							石松植物门
							节蕨植物门
							真蕨植物门
		种子繁殖（种子植物）	种子裸露	裸子植物			种子蕨植物门
							苏铁植物门
							银杏植物门
					松柏植物门		科达纲
							松柏纲
					买麻藤植物门		
			种子包被	有花植物	被子植物门		双子叶纲
							单子叶纲

二、

显生宙的重庆古生物化石

PHANEROZOIC CHONGQING
PALEONTOLOGICAL FOSSILS

重庆地区沉积地层发育，区域内出露了青白口纪—第四纪的众多地层，各地层中蕴含着丰富的化石资源，是我国古生物资源最为丰富的地区之一。据不完全统计，重庆已发现的古生物化石共计18个门类、28个纲、上千个属种，几乎涵盖了古生物中的所有门类。

【化石·小·知识：主要地层单位】

年代地层单位是以地层形成的时代为依据划分的，自高向低可分为六个级别：宇、界、系、统、阶、带。与之相对应的是地质年代单位，分别为宙、代、纪、世、期、时。

地质年代共分为四个宙：冥古宙、太古宙、元古宙、显生宙。其中，显生宙又分为三个代：古生代、中生代和新生代。古生代共分为六个纪：寒武纪、奥陶纪、志留纪、泥盆纪、石炭纪、二叠纪。中生代共分为三个纪：三叠纪、侏罗纪、白垩纪。新生代共分为三个纪：古近纪、新近纪、第四纪。

（一）古生代（Paleozoic，539～252Ma）

古生代从寒武纪开始，至二叠纪结束。早古生代寒武纪、奥陶纪、志留纪以海洋中的无脊椎动物和无颌鱼类为主，志留纪开始出现了有颌类。晚古生代泥盆纪、

现代叠层石场景

物的繁盛发展，地球大气圈中的氧气含量才会急剧升高，为真核生物的出现创造了条件，为后来生命演化的宏大历史打下了基础。

2. 奥陶纪（Ordovician，485～444Ma）

"奥陶"一词最早由英国地质学家拉普沃思提出，代表出露于英国阿雷尼格山脉向东穿过北威尔士的岩层，位于寒武系与志留系岩层之间，因该地区是古奥陶部落的居住地，故得名。奥陶纪开始于距今约4.85亿年，结束于距今4.44亿年，共经历了大约41Ma。在此期间，许多动物门类开始进入多样化辐射发展阶段，海洋中

奥陶纪海洋想象图

的大型捕食者主要为海星类和鹦鹉螺类这样的有壳头足类动物。造礁生物主要为珊瑚，也有海绵、苔藓虫和蓝细菌等。

重庆奥陶纪地层中仍然以海生无脊椎动物化石为主，包括秀山、酉阳、黔江、彭水、万盛等地区的三叶虫、头足类、腕足类及少量笔石等。

重庆奥陶纪地层中同样发现了大量的三叶虫化石，其保存完整性较寒武纪地层中的要好一些。这些三叶虫是划分地层时代的重要依据，也是研究古环境变迁不可缺少的证据。奥陶纪开始出现了大量像头足类和原始鱼形动物这样的肉食动物，为了防御这些敌人，这一时期三叶虫的尾甲普遍较寒武纪时期大，且更加灵活。

头足类是发育最完善、最高级的一类软体动物，生存时代从寒武纪至现代，包括地史时期曾大量繁盛并具有重要意义的鹦鹉螺类、杆石、菊石、箭石和现代的章鱼、乌贼等。它们全为海生的肉食性动物，善于在水底爬行或在水中游泳。

大壳虫化石（左：黔江；右：武隆）

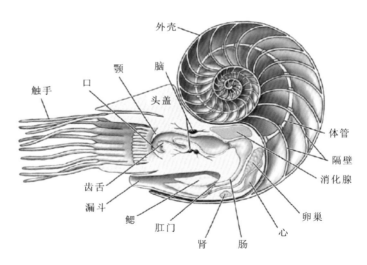

现代鹦鹉螺类形态构造

　　鹦鹉螺类从晚寒武世出现发展至今，是名副其实的"活化石"。鹦鹉螺类是早古生代海相地层中的重要化石，奥陶纪进入繁盛时期，壳体变大，体管类型多样。

重庆地区头足类化石主要为角石，是鹦鹉螺类中的一类重要化石，主要发现类型包括震旦角石、喇叭角石、盘角石等。震旦角石的壳直或盘卷，呈长圆锥状，是我国特有的一种化石。喇叭角石壳卷曲成平面螺旋，壳的螺旋纹轻微接触，幼年期壳的卷曲部分至成年逐渐成长为笔直或轻微弯曲的部分。盘角石壳外卷，平盘状，约有五个旋环。

震旦角石（石柱）

震旦角石（左：彭水；右：酉阳）

喇叭角石（彭水）

盘角石（左：武隆；右：巫溪）

　　腕足类是一类海生底栖、单体群居、具真体腔、硬体不分节且两侧对称的无脊椎动物，主要生活在浅海，是滤食性动物，以海藻及其他动物的幼虫为食。腕足动物壳形的基本特征是：两瓣外壳分为腹壳和背壳，两壳大小不等，腹壳较大，背壳较小，但每瓣壳的本身是左右对称的，壳面有生长线。

　　腕足动物始于早寒武世，奥陶纪开始繁盛，二叠纪末期急剧衰退。现存有100属300余种，在地史时期曾相当繁盛。据统计，已描述的腕足动物有3500余属，超过33 000种。

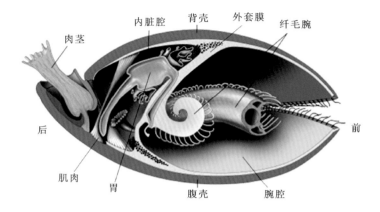

腕足动物形态和结构（纵向剖视）

奥陶纪腕足动物化石（左：彭水；右：酉阳）

奥陶纪腕足动物化石（左：南川；右：武隆）

笔石动物是一种小型海生群体动物，从寒武纪中期开始出现，直到石炭纪早期绝灭，其生活方式有固着底栖和漂浮生活两种。笔石动物的化石为笔石虫体分泌的骨骼，其保存状态常为压扁了的碳质薄膜，犹如在岩层面上书写的痕迹，故名笔石。

　　笔石化石可以保存在各种沉积岩中，但最主要还是保存在页岩中，尤其是黑色页岩中往往含有大量笔石，形成"笔石页岩相"，代表水流不通畅、海底平静缺氧或者水体较深的海洋环境，是很好的指相化石。

雕笔石（武隆）

锯笔石（黔江）

【化石·小·知识：指相化石】

　　不同的自然地理环境中生活着不同的生物组合，也沉积着不同的沉积物，形成不同的沉积相，如海相、陆相、潟湖相等。能够指示生物生活环境特征的化石称为指相化石。

保存在黑色页岩上的大类笔石化石（石柱雕笔石）

3.志留纪（Silurian，444 ～ 419Ma）

　　"志留"一词源于英国古代部落"Silures"。志留纪开始于距今约 4.44 亿年，结束于距今 4.19 亿年，共经历了大约 25Ma。此时无颌类脊椎动物辐射演化，有颌鱼类开始出现。另外，最早的陆地维管植物和陆生节肢动物也在志留纪出现。

　　重庆志留纪地层中以海生无脊椎动物化石和早期脊椎动物化石为主。无脊椎动物包括綦江、南川、武隆等地的笔石带，黔江的三叶虫，綦江和石柱的珊瑚，城口和石柱的海百合茎；早期脊椎动物主要为重庆秀山地区的鱼化石。

　　重庆志留纪时期地层中同样发现了许多笔石、三叶虫、腕足类和头足类化石。

笔石化石（左：武隆；右：石柱）

角石化石（左：黔江；右：秀山）

不同类型的腕足动物化石（左上：綦江；右上：黔江；左下：彭水；右下：酉阳）

三叶虫化石（黔江）

珊瑚是一类海生底栖刺胞动物，单体或群体生活，生存时代为寒武纪至现代。体型为水螅型，无水母型个体，生活史中无世代交替现象。消化腔较为复杂，有许多由内胚层形成的隔膜，多数种类的外胚层能分泌钙质或角质骨骼。

　　横板珊瑚、四射珊瑚和六射珊瑚有重要的地层意义和古环境意义。横板珊瑚主要生活于晚寒武世—三叠纪；四射珊瑚生活于中奥陶世—二叠纪；六射珊瑚最早出现于中三叠世，一直延续至现代。

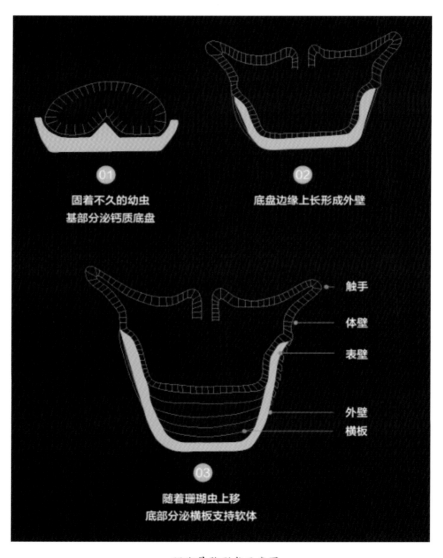

珊瑚骨骼形成示意图

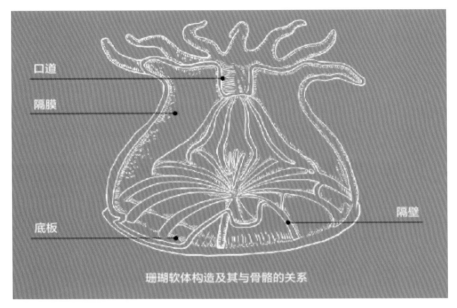

口道

隔膜

底板

隔壁

珊瑚软体构造及其与骨骼的关系

珊瑚软体构造示意图

十字珊瑚（綦江）　　　　　　链珊瑚（綦江）

蜂巢珊瑚（綦江）

重庆特异埋藏化石库中发现的古鱼化石不仅数量众多、种类齐全，而且保存十分完整、精美，其中发现并命名了三种志留纪古鱼新属种，包括盔甲鱼类的灵动土家鱼、软骨鱼类的蠕纹沈氏棘鱼和盾皮鱼类的奇迹秀山鱼。

灵动土家鱼（*Tujiaaspis vividus*）：属名"土家"主要取自化石发现地湘西土家族苗族自治州和秀山土家族苗族自治县中的土家族；种名"灵动"则取自该鱼在死后埋藏的时候恰好保存了一个"鲤鱼跃龙门"的姿态，非常灵动。

灵动土家鱼生活于4.36亿年前，是一种没有颌部的盔甲鱼，其头甲保存了奇特的侧线系统。惊奇的是，灵动土家鱼的身体被完整地保存了下来，这在盔甲鱼中属于首例。从保存的身体部分，可以观测到灵动土家鱼躯体侧成对的连续鳍褶。研究表明，这些连续鳍褶是有颌鱼类偶鳍或者包括人类在内的四足动物四肢的雏形。

灵动土家鱼化石

蠕纹沈氏棘鱼（*Shenacanthus vermiformis*）："沈氏"是为了纪念著名作家沈从文，化石发现地在他最著名的小说《边城》原型附近；"蠕纹"指这条鱼大块骨板上的蠕虫状纹饰。

蠕纹沈氏棘鱼生活于4.36亿年前，是迄今所知最早的保存完好的软骨鱼，成为揭示软骨鱼类起源的决定性证据。蠕纹沈氏棘鱼的身体轮廓、大体形态、关键特征均与早期软骨鱼类——棘鱼类相似，但与其他棘鱼相比，它更接近于鲨鱼等典型的软骨鱼类，棘刺非常少，只在背鳍前端有棘刺。蠕纹沈氏棘鱼具有一个非常特殊的包围肩带的大块膜质骨板，这一特征此前被认为是盾皮鱼类独有的特征，在其他软骨鱼类中从未发现过，证明了软骨鱼类是从"披盔戴甲"的祖先——盾皮鱼类演化而来的。

蠕纹沈氏棘鱼化石及其线条轮廓

奇迹秀山鱼（*Xiushanosteus mirabilis*）："秀山"是化石发现地；"奇迹"是指志留纪早期完整有颌鱼类奇迹般的发现。

奇迹秀山鱼生活于4.36亿年前，属于盾皮鱼类，在时代上大大靠近有颌类的起源时间点，它糅合了多个"盾皮鱼"大类的特征。因此，它与后来其他盾皮鱼类共享的特征很可能是有颌类的原始特征。除此之外，秀山鱼还拥有一些在演化上有重大意义的特点，比如绝大多数有颌类都有可活动的颈关节，而无颌的甲胄鱼类头与躯干连为一体，不能活动，秀山鱼虽然是有颌类，但它的颈部几乎不能活动。

所有秀山鱼标本均显示其头甲中间有一道横向的裂隙，在功能上代偿不可动的颈关节，使得头能在呼吸和摄食时抬起与落下。这道裂隙将在硬骨鱼中形成新的头－颈界线，使得其后的骨片从颅顶分离出去。人类与颈部相连的枕骨即由秀山鱼头顶这道裂隙前的骨片（中央片，或称后顶骨）演化而来。

重庆特异埋藏化石库的发现在古生物学史上第一次大规模展示了志留纪鱼群特别是有颌类的面貌，揭示了早期有颌类崛起的过程：最迟到距今4.4亿年，有颌类各大类群已经在华南地区欣欣向荣；到晚志留世，更多样、更大型的有颌类属种出现并开始扩散到全球，开启了鱼类登陆并最终演化成为人类的进程。

奇迹秀山鱼化石

4. 泥盆纪（Devonian，419～359Ma）

最早研究的泥盆纪地层出露于英格兰的泥盆郡，因此得名。泥盆纪开始于距今约 4.19 亿年，结束于距今 3.59 亿年，共经历了大约 60Ma。此时，硬骨鱼类发展繁盛，三叶虫的多样性增加，菊石、四足动物、昆虫、蕨类植物和种子植物起源。

重庆泥盆纪地层中仍以无脊椎动物化石为主，保存化石较少，包括腕足类、珊瑚化石等。另外还有酉阳地区的微体化石牙形石，在野外很难用肉眼辨认。

牙形石又名牙形刺，是一类已灭绝的海洋原始脊椎动物的鳞灰质器官化石。由于保存的鳞灰质器官的微小化石外表很像鱼的牙齿和蠕虫动物的颚器，故名牙形石。

一般情况下牙形石呈分散状态保存，大小在 0.1～0.5mm 之间，最大可达 2mm；颜色呈琥珀褐色、灰黑色或黑色；透明或不透明。

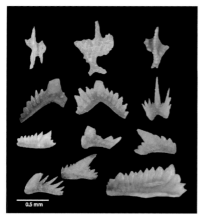

牙形石

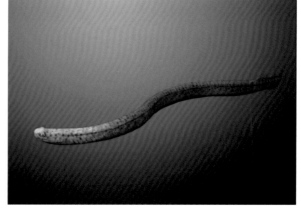

牙形动物复原图

5. 石炭纪 (Carboniferous，359～299Ma）

"石炭纪"一词始创于英国，该时代的地层中富含煤层。石炭纪开始于距今约 3.59 亿年，结束于距今 2.99 亿年，共经历了大约 60Ma。此时冈瓦纳古陆和北方古大陆形成，冈瓦纳古陆为寒冷冰川环境，北方古大陆为温暖潮湿的聚煤区，维管植物尤其是石松类、木贼纲和蕨类组成广阔森林。两栖动物多样化，最早的爬行动物也出现了。

重庆石炭纪地层中以海生无脊椎动物化石为主，但保存化石较少，主要为黄龙组的珊瑚化石。

四射珊瑚（丰都）　　　　　　　　　　　四射珊瑚单体外形

6. 二叠纪 (Permian，299 ～ 252Ma）

　　二叠纪地层最早出露于俄罗斯乌拉尔上西坡彼尔姆城，译自德文，因德国当时的地层明显地分为上、下两部分，按音译应为彼尔姆纪，但因该地层具有明显的二分性，故意译为二叠纪。二叠纪开始于距今约 2.99 亿年，结束于距今 2.52 亿年，共经历了大约 47Ma。二叠纪的地壳运动比较活跃，古板块间的相对运动加剧，古板块间逐渐拼接形成了泛大陆。二叠纪陆地面积进一步扩大，海洋的范围缩小，是生物界的重要演化时期。海生无脊椎动物中的主要门类为珊瑚、腕足类、蜓类和菊石，腹足类和双壳类有了新的发展。早期四足动物进一步繁盛，包括副爬行类、下孔类，它们均得到了充分的发展，成为当时陆地生态系统重要的成员。同时，爬行类也开始崭露头角。二叠纪早期的植物以节蕨、石松、真蕨、种子蕨类为主，晚期则出现了银杏、苏铁、本内苏铁、松柏类等裸子植物。

重庆二叠纪地层中以海生无脊椎动物化石为主，主要为石柱的菊石、苔藓虫，巫山的生物礁，南川的腕足动物化石。

菊石是一类已灭绝的头足类动物，最早出现在早泥盆世，繁盛在中生代，白垩纪末期全部绝灭。菊石类多旋壳，壳体的旋卷程度各不相同，表面有缝合线，缝合线复杂的要比缝合线简单的菊石生活的海水要深。

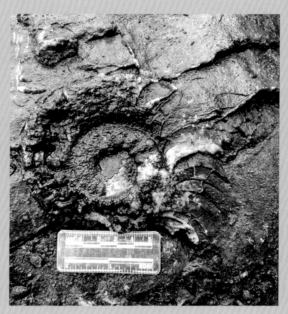

菊石（渝北）

菊石（石柱）

不同壳体的菊石

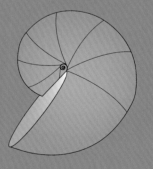

内卷壳

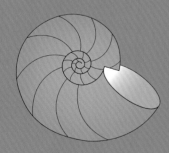

外卷壳

腹足类是现生软体动物中最大的一个类群，最早出现在寒武纪，现生 80 000 多种，分布极广，海水、半咸水、淡水及陆生均有，常见的如蜗牛、田螺等。腹足类的足位于身体腹面，是扁平的爬行器官。由于营底栖爬行生活，故其头部发育，具有发达的触角，眼等器官发达，口腔中有齿舌，用以锉碎食物。腹足类的软体和外壳在个体发展过程中发生扭转，结果形成扭转的内脏囊和螺旋外壳。

腹足类的不同壳形

腹足类化石（涪陵）

【化石·小·知识：头足类与腹足类的区别】

根据生物分类法，头足纲和腹足纲都属软体动物门。顾名思义，腹足类的特征就是"用肚子代替足部在地上爬"，代表动物就是我们熟悉的蜗牛、蛞蝓以及各种螺类。同时，腹足类物种身体内脏曲卷生长，形成完全不对称的独特的身体结构。与腹足类不同，头足类身体左右对称，头部发达，两侧有一对眼，其特征为无晶状体，十分原始，圆圆的，瞳孔只是个小黑点，如鹦鹉螺、章鱼等。

苔藓虫是一类水生滤食性动物，多为固着群体生活，绝大多数生活于海洋中，仅少数属种营淡水生活。虽然外形很像植物，但具一套完整的消化器官，包括口、食道、胃肠和肛门等。

苔藓虫化石（巫溪）

重庆是二叠纪生物礁最为发育的地区之一，如在北碚和巫山的二叠纪晚期地层长兴组中都发现有生物礁。

此外，重庆多个地区均发现有珊瑚化石。

生物礁（巫山）

珊瑚化石（左：石柱；右：巫溪）

重庆地区发现的腕足类和双壳类化石种类也是十分丰富的。

双壳类（北碚）

腕足类（左：涪陵；右：石柱）

【化石·小·知识：双壳类与腕足类的区别】

分类上双壳类属于软体动物门，腕足类属于腕足动物门。

双壳类一般具有互相对称、大小一致的左右两瓣壳，每瓣壳前后一般不对称。

腕足类两瓣外壳分为腹壳和背壳，两壳大小不等，腹壳较大，背壳较小，但每瓣壳是左右对称的。

双壳类　　　　　　　　　腕足类

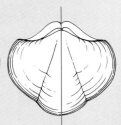

双壳类与腕足类区别示意图

（二）中生代（Mesozoic，252～66Ma）

中生代包括三叠纪、侏罗纪和白垩纪，被称为爬行动物的时代，鱼类的发展也十分繁盛。此时重庆的古生物化石主要以恐龙化石和木化石为代表，其中侏罗纪与白垩纪的恐龙化石和木化石主要集中于主城都市区綦江、永川、璧山、江北、北碚、大足、铜梁、合川、潼南及渝东北的云阳、万州和渝东南的黔江等地。

1. 三叠纪（Triassic，252～201Ma）

对三叠纪地层研究最早的地点位于德国中部，该岩层具有明显的三分性。三叠纪开始于距今约 2.52 亿年，结束于距今 2.01 亿年，共经历了大约 51Ma。三叠纪时期泛大陆开始解体，海洋生物类群发生了重大变化，裸子植物占据主导地位，爬行动物进一步发展，最早的恐龙和哺乳动物出现。

　　重庆三叠纪早期地层中的化石以海生无脊椎动物为主，主要为双壳类，又名瓣鳃类。在野外还可以发现一些遗迹化石，类型主要是线性迹。

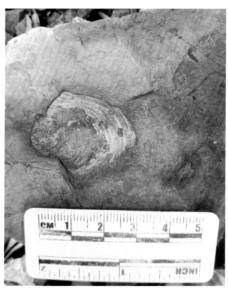

双壳类（左：长寿；右：奉节）

遗迹化石（左：合川；右：巫山）

三叠纪晚期，重庆的古生物化石以植物为主，包括枝脉蕨、新芦木、侧羽叶、苏铁类和真蕨类，还含有少量银杏类和种子蕨类等。此时，我国南方的植物属于网叶蕨和格子蕨植物群，在重庆、四川、云南、江西和湖南一带形成重要的含煤地层，该套地层在重庆和四川境内称为须家河组。

植物化石（左：江津；右：铜梁）

植物化石（左：开州；右：云阳）

巨型永川龙的体型较大，其巨大头骨全长 1.11m，最大高度 0.65m，比上游永川龙的头骨大很多，估算该恐龙体长超过 10m。

该时期，与永川龙共同生活在这里的还有重庆西蜀鳄。西蜀鳄化石保存有一个几乎完整的头骨和下颌，一组尾部的脊椎和膜质甲片。经过研究发现，重庆西蜀鳄是一种中等大小的鳄类，该化石是一个年轻个体，体长可能接近 3m，身体表面有厚重的骨质甲板，跟今天的鳄鱼一样，西蜀鳄是中型掠食动物。西蜀鳄的存在表明中生代时期的重庆应该是河湖广布，重庆西蜀鳄像尼罗河中的鳄鱼一样生活其中，不过捕食的对象不尽相同，可能包括恐龙、其他爬行动物和鱼类等。

重庆西蜀鳄化石

江北重庆龙复原图

重庆早期的恐龙研究必须包括发现于重庆江北区的江北重庆龙（*Chungkingosaurus jiangbeiensis*）。江北重庆龙化石包括头骨的吻部（向前凸出的嘴巴部位），10节背椎，较完整的腰带和荐椎，23节关联保存的尾椎，一对完整的股骨和胫骨，

江北重庆龙装架模型

骨，一节肱骨的远端，3个掌骨和5个骨板。

　　江北重庆龙是迄今为止重庆发现的最小的剑龙类恐龙，其体长不足4m，根据保存下来的愈合荐椎及愈合的胫腓骨和跗骨判断，江北重庆龙是一具成年的个体。

【化石小·知识：关于剑龙剑板的猜想】

　　剑龙背上的两排骨板有什么作用？关于剑板的功能有很多种说法：有人认为，剑板可能是一种保护性的防御装置，既可以保护自己的背部，又可以吓唬敌人。可后来人们发现，剑板内部多孔，一点也不结实，其防身作用很难实现。也有人说，剑板是这类动物的拟态或什么特征性的显示构造，但这种说法无法验证，现生动物也没见如此古怪的。目前比较认同的一种说法是，剑板是剑龙调节体温的装置。剑板内的很多细小孔道，可能是生前血管通过的地方，剑龙通过控制流经剑板的血液量来达到散热或吸热的目的，据此人们戏称剑龙为"身背空调器的恐龙"。

　　重庆綦江也是重要的恐龙化石产地，发现了果壳綦江龙（*Qijianglong guokr*），其种名"果壳"指的是一个科技主题的网站"果壳网"。果壳綦江龙化石保存相当完整，包括一部分头骨、17节颈椎、12节背椎和大约30节尾椎，以及一部分腰带和其他骨骼。经研究，果壳綦江龙是一种长约15m、背高约3m的蜥脚类恐龙。

果壳綦江龙装架模型及复原图

与果壳綦江龙同时代的脊椎动物包括綦江北渡鱼，它是一种淡水鱼，属于全骨鱼类中的鳞齿鱼类。它在演化阶段上介于软骨硬鳞类和真骨鱼类之间的辐鳍鱼类，在分类学上作为辐鳍鱼亚纲的一个次纲，从晚二叠世开始出现，侏罗纪最繁盛，白垩纪开始大为衰退，生存至今的仅有雀鳝和弓鳍鱼。綦江北渡鱼化石保存基本完整，缺少部分尾骨和前部的头骨，体型较大，化石全长 66cm，尾鳍长约 6cm，鳞片覆盖范围从背侧到腹侧边缘为 31cm。

綦江北渡鱼化石

提到重庆侏罗纪时期的恐龙化石产地，那重庆云阳恐龙化石群一定是榜上有名的。化石主要保存在中侏罗统的新田沟组和沙溪庙组中，其中新田沟组发现的恐龙等脊椎动物化石，建立了我国又一新的恐龙动物群，具有填补禄丰蜥龙动物群和蜀龙动物群演化序列空白的潜力；沙溪庙组发掘形成了目前单体最大的侏罗纪恐龙化石墙，长 150m、高 6 ～ 10m，面积 1320m^2。

化石墙（局部）

云阳恐龙化石群目前已发掘化石万余件，包括恐龙、蛇颈龙类、龟鳖类、鳄形类、鱼类、似哺乳爬行类等。重庆目前已发现并研究命名的恐龙属种中有一半就来自云阳恐龙化石群，分别为磨刀溪三峡龙（*Sanxiasaurus modaoxiensis*）、普安云阳龙（*Yunyangosaurus puanensis*）、普贤峨眉龙（*Omeisaurus puxiani*）、元始巴山龙（*Bashanosaurus primitivus*）、胸忍渝州龙（*Yuzhoulong qurenensis*）、华彩江州龙（*Jiangzhouosaurus huacaii*）。

重庆云阳恐龙化石群复原图

重庆云阳恐龙化石群复原图

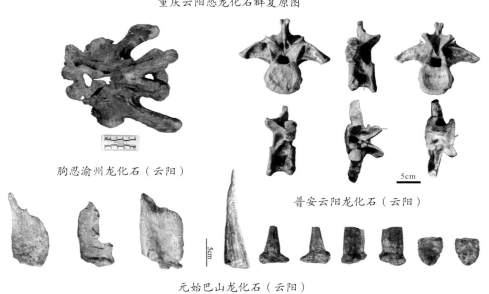

胸忍渝州龙化石（云阳）

普安云阳龙化石（云阳）

元始巴山龙化石（云阳）

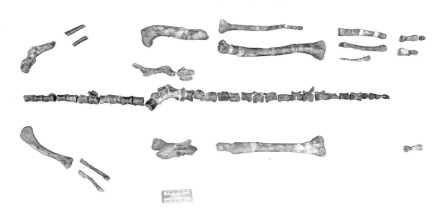

磨刀溪三峡龙化石（云阳）

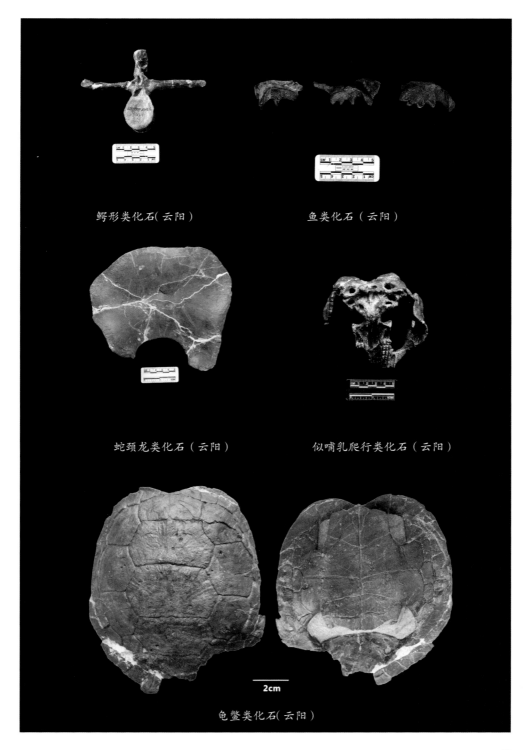

鳄形类化石(云阳)　　　　鱼类化石（云阳）

蛇颈龙类化石（云阳）　　　　似哺乳爬行类化石（云阳）

2cm

龟鳖类化石(云阳)

　　除了上述已经研究命名的恐龙及其他的脊椎动物化石以外，重庆的江津、万州、梁平等多个地区也都发现有恐龙等脊椎动物化石。

剑龙化石（梁平）　　　　　　　　恐龙化石（江津）

龟鳖类化石（左：涪陵；右：大渡口）

鱼类化石（左：梁平；右：巴南）

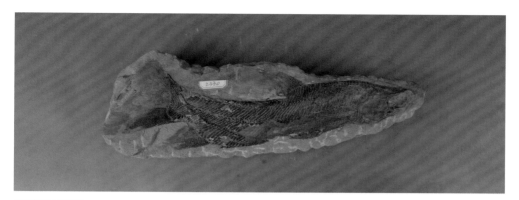

鱼类化石（涪陵）

水生爬行类化石（左：渝北；右：江津）

侏罗纪时期，重庆气候湿润，适宜植物生长，裸子植物发展到了顶峰时期。此时，重庆地区发现了大量的木化石，据不完全统计，重庆地区至少有13个区（县）发现了木化石，包括綦江、万州、忠县和武隆等地。

侏罗纪中期和晚期的木化石代表均产自綦江区，分别为马桑岩木化石群和古剑山木化石群等，尤其以中期的马桑岩木化石群为代表。马桑岩木化石群的具体地点为重庆綦江国家地质公园，这里同时也是重庆市第一个国家级重点保护古生物化石集中产地。不仅地质公园有木化石，綦江整个地区的木化石数量丰富、保存完整，可见当时该地区气候温暖湿润、阳光充足，非常有利于植物的生长。

木化石（武隆）

木化石（綦江）

木化石（綦江）

同时，重庆地区还发现了该时期许多苏铁类和松柏类植物化石。

苏铁杉（左：奉节；右：梁平）

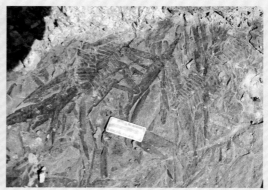

侧羽叶及苏铁杉（梁平）   苏铁杉（梁平）

除了实体化石，重庆侏罗纪地层中还发现了多处遗迹化石，包括恐龙足迹和无脊椎动物的爬行迹等。恐龙足迹主要包括重庆大足邮亭蜥脚类恐龙足迹、重庆歌乐山兽脚类恐龙足迹和重庆野苗溪恐龙足迹等。

足迹化石是动物在一定的湿度、黏度、颗粒度的地表面上活动时留下的足迹，经过一段时间的风吹日照后逐渐硬化，随后再被泥沙或尘土掩埋，最后经过成岩作用保留了足迹原有形状而形成的。

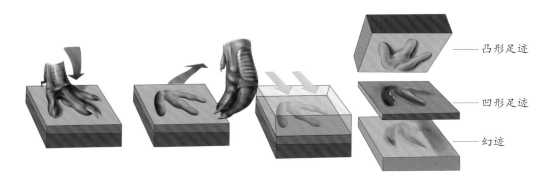

凸形足迹

凹形足迹

幻迹

恐龙足迹化石形成过程示意图

通过恐龙足迹化石，可以判断哪类恐龙曾经生活在这里。足迹化石还提供了古生物的动态数据，可以通过足迹化石判断出其造迹时的运动状态，如游泳、蹲伏、步行、奔跑以及是否群居等生活习性；还可以判断其体长、体重、病理等信息，是研究恐龙行为的重要证据之一。

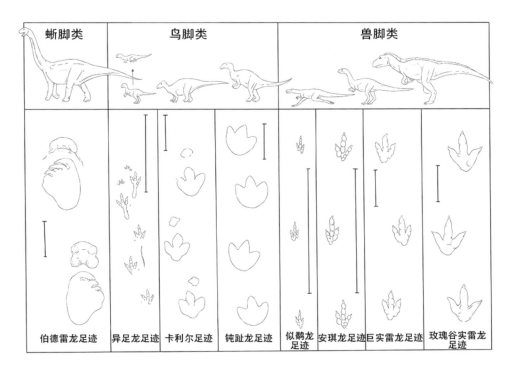

蜥脚类	鸟脚类			兽脚类			
伯德雷龙足迹	异足龙足迹	卡利尔足迹	钝趾龙足迹	似鹬龙足迹	安琪龙足迹	巨实雷龙足迹	玫瑰谷实雷龙足迹

不同类型的恐龙足迹

大足恐龙足迹是亚洲最古老的蜥脚类恐龙足迹之一，时代为侏罗纪早期，保存了超过 100 个恐龙足迹。根据足迹分布情况，判断这里至少有三条行迹，并展示了奇妙的宽间距，同时发现其中一条行迹呈明显的转弯现象，这对研究该区域的大型恐龙演化和行为学有着重要的作用。

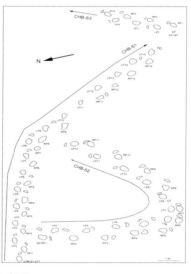

大足邮亭恐龙足迹及分布图

大足邮亭恐龙足迹生态复原图

歌乐山恐龙足迹是中国发现的首例侏罗纪早期卡岩塔足迹，足迹点位于重庆歌乐山国家森林公园中。这里共保存了46个兽脚类恐龙足迹，均为三趾型，缺失拇指印痕，三趾不相连且张开程度较大，这类足迹的造迹者可能是中国龙。

歌乐山国家森林公园恐龙行迹现场图和素描图

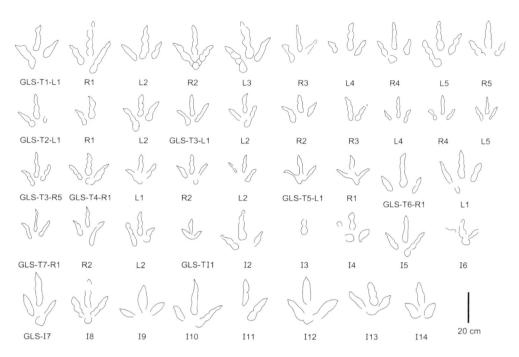

GLS-T1-L1	R1	L2	R2	L3	R3	L4	R4	L5	R5
GLS-T2-L1	R1	L2	GLS-T3-L1	L2	R2	R3	L4	R4	L5
GLS-T3-R5	GLS-T4-R1	L1	R2	L2	GLS-T5-L1	R1	GLS-T6-R1	L1	
GLS-T7-R1	R2	L2	GLS-TI1	I2	I3	I4	I5	I6	
GLS-I7	I8	I9	I10	I11	I12	I13	I14	20 cm	

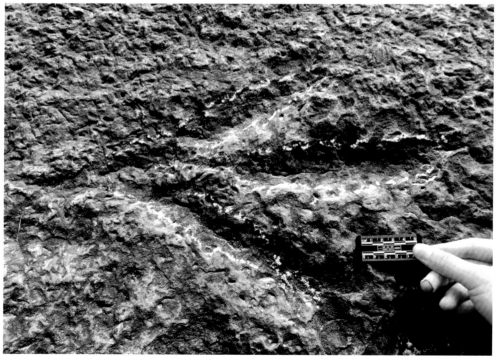

歌乐山卡岩塔特征素描图及足迹

　　野苗溪恐龙足迹发现于中侏罗统沙溪庙组下段中部砂岩层中，共 39 个恐龙足迹，该处恐龙足迹明显地形成四条行迹路线，大足迹三条，小足迹一条。大足迹的形态结构和尺寸都基本相同，为同一种造迹者；小足迹与大足迹很相似，但尺寸上只有大足迹的 2/3，为不同的造迹者。经研究鉴定该处恐龙足迹为兽脚类恐龙足迹，研究者将大足迹命名为南岸重庆足迹（*Chongqingpus nananensis*）。

南岸重庆足迹化石

南岸重庆足迹化石及轮廓图

此外,重庆渝北、永川等地也发现了侏罗纪恐龙足迹。

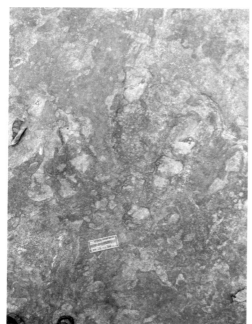

恐龙足迹（渝北）

重庆万州、梁平、忠县和铜梁等多个地区均有发现遗迹化石，其中万州和梁平两处尤为著名。无脊椎动物的爬行迹形成化石的条件要求很高，干硬地面上不容易留下痕迹，或者痕迹非常浅，很快会消失，太软的地面上痕迹因为含水量高，流动性较大，很快会被周围的泥沙埋没，只有泥沙的湿度适中时，痕迹才能保留下来。无脊椎动物在这样的地表爬过留下痕迹，然后有痕迹的泥沙被另外一种成分的泥沙迅速掩埋，这层保存有无脊椎动物移动痕迹的泥沙下沉，经受地下的高温高压而石化，形成化石。

万州铁峰山古藻迹化石位于万州区铁峰乡楼坪村的山中，多年前的一场山体滑坡得以让化石裸露出来。在野外，数百条密密麻麻的"虫管"布满了石头表面。虫管厚度为 5～8cm，长度从十几厘米到近 1m，虫管之上遍布小的双壳类。通过研究发现，该化石为一种新类型的遗迹化石，命名为铁峰山古藻迹，时代是侏罗纪早期，是某种动物在软泥中留下的通道，后来被上面的介壳灰岩充填所形成，推测可能是大型的双壳类留下的，也可能是某种节肢动物或者软体动物留下的。万州铁峰山古

万州铁峰山古藻迹

藻迹化石表明，距今1.8亿年前的侏罗纪早期，这个地区是一片大的湖泊，非常适合该类生物的生息繁衍。

梁平明月山遗迹化石是重庆境内出露最大的侏罗纪遗迹化石，时代为侏罗纪早期，化石保存在一巨厚岩层的斜面之上，面积约为1500m^2，化石均为虫管状，长短不一，厚度为5～10cm。

梁平明月山遗迹化石（局部一）

梁平明月山遗迹化石（局部二）

3. 白垩纪（Cretaceous，145 ～ 66Ma）

白垩纪名称来源于英吉利海峡北岸的白垩峭壁，这一时代的地层中产出白色细粒的碳酸钙，拉丁文称之为 Creta，意为白垩。白垩纪开始于距今约 1.45 亿年，结束于距今 66Ma，共经历了大约 79Ma。白垩纪时期，恐龙类群继续发展繁盛，被子植物、哺乳动物和鸟类的多样性持续增加。白垩纪末期发生了第五次生物大灭绝事件，除鸟类以外的恐龙全部灭绝，翼龙、蛇颈龙类以及海洋中的菊石和其他大量的无脊椎动物也永远在地球上消失了，哺乳动物和鸟类也遭受了重创，仅少数物种存活到了新生代。

重庆境内白垩纪地层发育不完整，但其中依然保存了重要的古生物化石，包括綦江恐龙足迹群和黔江正阳恐龙化石。

綦江莲花保寨恐龙足迹群发现于綦江区三角镇老瀛山半山腰，在长约 150m 的凹崖腔内陆续发现了以恐龙足迹为主的古脊椎动物足迹化石 600 余个，最密集的一处不到 140m^2 的地面上发现了足迹化石 300 多个。该处保存了中国最完美的鸭嘴龙足迹、中国保存最多的翼龙足迹和世界仅有的两处完美立体恐龙足迹之一，是我国西南地区迄今为止发现的最大规模、最多种类的白垩纪早期足迹群。

綦江莲花保寨生活场景复原图

经研究，莲花保寨恐龙足迹化石不仅包括常见的凹形足迹，还有凸形足迹、立体足迹、幻迹，而且还发现了在同一个地方保存下来的重叠足迹（共9个）。

除了保存类型多种多样外，莲花保寨恐龙足迹群的造迹者也种类繁多。造迹恐

莲花保寨恐龙凹形足迹和凸形足迹

龙就囊括了三大类，有蜥脚类、
鸟脚类，还有兽脚类。此外，
造迹者还包括恐龙时代称霸天
空的翼龙和古水鸟。

兽脚类恐龙复原及其足迹化石

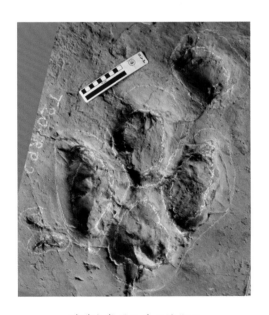

鸭嘴龙复原及其足迹化石

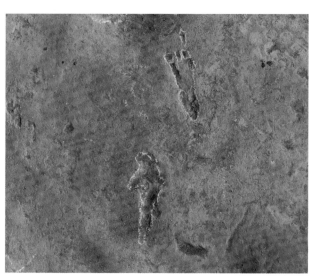

翼龙复原及其足迹化石

古水鸟复原及其足迹化石

恐龙足迹化石（綦江郭扶）

此外，在綦江郭扶镇永胜村也发现了蜥脚类和鸟脚类恐龙足迹化石，将恐龙足迹化石范围延伸扩大到100km² 之外。

黔江恐龙化石最早发现于1960年，后经多次发掘，采集到了恐龙牙齿、肢骨、椎体、肋骨等化石。

近年来，专家对黔江正阳地区恐龙化石进行了系统的调查、保护和研究工作，逐渐揭开了黔江正阳恐龙化石群的神秘"面纱"。黔江

正阳恐龙化石的时代为晚白垩世,恐龙化石资源丰富,经初步鉴定已发现有蜥脚类恐龙的巨龙类、兽脚类恐龙的暴龙类、鸟脚类恐龙的鸭嘴龙类化石等。

我国白垩纪恐龙动物群主要分布于东部及北部地区,南方地区分布较少,重庆黔江正阳恐龙化石产地是目前我国西南地区唯一的白垩纪恐龙骨骼化石集群埋藏地,化石资源丰富,体量巨大,填补了西南地区白垩纪恐龙化石研究的空白,对研究重庆地区白垩纪晚期古环境与古气候变化、探讨白垩纪恐龙演化与地球环境演变具有重要意义。

黔江早期发现的恐龙化石(保存于黔江区文物管理所)

黔江正阳恐龙化石产地部分化石富集区

黔江正阳恐龙化石产地中发现的巨龙类肱骨化石（左）和暴龙类牙齿化石（右）

（三）新生代（Cenozoic，66Ma 至今）

新生代是哺乳动物的时代，白垩纪末期的大灭绝事件中，非鸟恐龙等动物的灭绝为哺乳动物的生存发展腾出了生态空间。

新生代包括古近纪、新近纪和第四纪。新生代早期至中期重庆境内受到了极强的剥蚀作用，无古近纪、新近纪地层保存，主要的古生物化石均赋存在第四纪地层中，约2.58Ma至今，主要表现为洞穴埋藏地层。

重庆第四纪地层中以哺乳动物化石和古人类化石为主，在巫山、奉节、巫溪、云阳、万州、丰都、忠县、石柱、彭水、綦江、黔江、酉阳、秀山、永川、南岸、九龙坡、沙坪坝、璧山、铜梁、潼南等地区均发现过哺乳动物化石。

哺乳动物化石
（产地：彭水、黔江、南川、涪陵、北碚、奉节）

哺乳动物化石（铜梁）

专家在万州盐井沟，巫山龙骨坡、玉米洞、犀牛洞，奉节兴隆洞，丰都都督乡等地区都开展过不同程度的发掘和研究，以巫山龙骨坡动物群和万州盐井沟动物群最具代表性。

巫山龙骨坡动物群是重庆最古老的第四纪哺乳动物群，距今（250～100）万年，也是华南早更新世哺乳动物群的典型代表。化石物种多达 120 余种，主要包括巫山猿人、裴氏模鼠、豪猪、巨猿、小种大熊猫、似剑齿虎、杨氏中华乳齿象、云南马、山原貘、中国爪兽、华南飞鼠、鼯鼠、祖鹿等，其中哺乳类占 95% 以上。

巫山龙骨坡遗址

（在龙骨坡遗址第 3～4 水平层和第 7～8 水平层分别发现了大量食草类动物的前、后肢骨的人为堆积现象，这一特殊埋藏现象被研究者形象地称为"最后的晚餐"）

巫山龙骨坡动物群复原

【化石·小·知识：巫山猿人】

    巫山猿人化石最初被鉴定为直立人巫山亚种，后来研究认为巫山猿人更接近能人，表明能人后裔最早在距今(230～220)万年前到达了亚洲东南部地区，后来才演化出了直立人，这代表了古人类的亚洲起源，在当时引发了世界轰动。

哺乳动物化石（巫山）

之后的研究显示，巫山猿人牙齿化石的尺寸结构更接近猿，可能代表东亚地区在早更新世早期就存在一类会加工粗糙的石制品和骨制品的猿。但不论巫山猿人是人还是猿，都显示早更新世时期人和猿的演化关系要比人们想象的更为复杂。

巫山猿人牙齿化石

万州盐井沟动物群是中国南方产出更新世化石最丰富的地区，具有时代延续长、种类多样、完整度高的特点，至少包括 2 纲 10 目 50 余种，包括东方剑齿象、巴氏大熊猫、苏门答腊犀、华南巨貘、梅氏犀、谷氏大额牛、大苏门羚、亚洲黑熊等。

万州盐井沟洞穴堆积一直是重庆乃至中国华南中晚更新世洞穴地层的典型代表，中国南方洞穴动物群化石一般以单个牙齿出现，而盐井沟保存有大量完整的头骨和头后骨骼，这也体现了盐井沟独一无二的地貌与埋藏条件。

万州盐井沟动物群复原

万州盐井沟哺乳动物装架模型

万州盐井沟哺乳动物装架模型

东方剑齿象化石　　　　　　　　　巴氏大熊猫化石

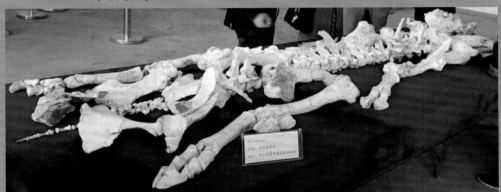

谷氏大额牛化石

华南巨貘化石

奉节兴隆洞遗址地质年代为中更新世晚期，距今（15～12）万年，遗址中发现的奉节人化石是三峡地区首次发现的早期智人化石，还发现石核、刮削器和砍砸器等旧石器，以及东方剑齿象、巴氏大熊猫、华南巨貘等50余种动物化石。

哺乳动物化石（奉节）

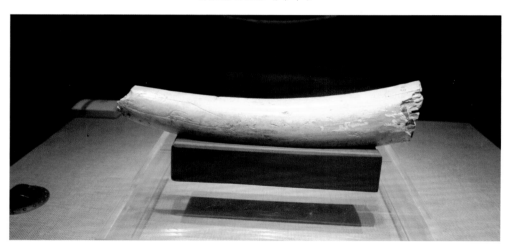

哺乳动物化石（奉节）

三、

重庆古生物化石分布

DISTRIBUTION OF PALEONTOLOGICAL
FOSSILS IN CHONGQING

　　重庆古生物化石分布与地层分布情况密切相关，受古地理、古环境影响，与蕴藏化石的地层共同沉积，古生物化石呈现了相对稳定的富集规律；后期则受地史上每个阶段的大地构造影响，最终形成了目前化石资源区域分布的格局。按地层出露及古生物类型分布，可将重庆古生物化石划分为三个化石区：以分布恐龙等脊椎动物为主的四川盆地古生物化石区，以分布珊瑚、海百合等无脊椎动物为主的武陵山—大娄山古生物化石区和以分布鱼类、头足类等古海洋生物为主的米仓山—大巴山古生物化石区。

　　重庆古生物化石资源丰富，据不完全统计，目前重庆已有化石产地（点）400余个，类别涵盖了植物、动物和微生物。

　　重庆市在地质历史时期经历了多期次的构造运动，历经沧海桑田才形成今天这样的生态格局。现今重庆市能看到的地层从新元古界青白口系到新生界第四系均有分布。早古生代末期至晚古生代早中期，在加里东构造运动作用下，地表抬升形成上扬子古陆，接受风化剥蚀，重庆大地上普遍缺失中志留世—早二叠世的大片地层；此外，在中晚三叠世和晚侏罗世—更新世时期，重庆也大范围缺失该套地层，仅局部有少许陆相沉积地层。在重庆出露的地层中，发现赋存化石最古老的地层为上青白口统秦朵组，表明重庆的古生物起始于不晚于新元古代的青白口期。此后，历经长期的演化直至寒武纪才有人们肉眼可见的古生物——节肢动物三叶虫。

　　自晋宁运动以来，重庆所处的扬子地块的原始陆块浅变质岩形成了统一的褶皱基底，所处扬子陆块雏形就基本形成了。此后，全球被冰雪覆盖，但由于之后长期的沉积作用，该套冰川沉积物深埋于地下，在重庆境内主要见北屏组。从距今6.35

亿年前的震旦纪开始，重庆所处的扬子地块被海水大规模海侵，经寒武纪、奥陶纪，到志留纪末期，整个陆地完全被海水覆盖。这期间发生了著名的寒武纪生命大爆发，生物种类急剧增加，形成了古生代海洋生物群落。

从南华纪开始到早志留世，重庆古地理轮廓大体未发生大的变化，均为海相沉积。早古生代寒武纪、奥陶纪和志留纪古生物化石主要分布于渝东南秀山、酉阳、彭水、武隆、石柱及主城都市区綦江和南川地区，早寒武世早期古生物主要以蓝藻、细菌为主，个体小，形成叠层石；早寒武世晚期生命大爆发，开始演化出节肢动物（三叶虫：盾壳虫、莱得利基虫）、腕足类等，生物种类多样，数量较为繁盛。奥陶纪多种古生物进入繁盛阶段，如三叶虫类（大壳虫）、头足类的鹦鹉螺类、腕足类、笔石类，生物多样性更加丰富。早志留世生物种类更加多样，其中鱼类化石（无颌类及有颌类）、珊瑚类（蜂巢珊瑚）、层孔虫类、三叶虫类（王冠虫）、笔石类、头足类（鹦鹉螺类）、海百合类等最为繁盛；到中志留世，发生大规模的海退，在重庆境内，因地壳抬升被剥蚀，未出露中、晚志留世地层，未有相关的化石记录。泥盆纪鱼类演化进入鼎盛时期，但重庆因地壳抬升被剥蚀，泥盆纪地层中发育较少，仅可见一些无脊椎动物化石，如腕足类、珊瑚类及双壳类。

二叠纪、三叠纪海洋古生物群主要分布于渝东北地区、渝东南地区以及部分主城都市区。二叠纪以䗴类、珊瑚类、海百合类、腕足类、头足类（菊石类）等为主，三叠纪双壳类、菊石类等在该地区较为丰富，而这些古生物从中生代开始衰落至今，中生代后地层中该类化石较为稀少，尤其是二叠纪末期生物大灭绝事件导致很多种类的生物大量灭绝。晚三叠世植物化石进入繁盛阶段，这时期植物化石以蕨类植物和裸子类植物最为繁盛。

中生代是爬行动物兴盛时期，包括恐龙类、龟鳖类、似哺乳爬行类、鳄类、蛇颈龙类等。此外，还发现了许多鱼类化石。爬行类最早出现于晚石炭世，鼎盛于中生代，新生代衰落。中生代侏罗纪和白垩纪的恐龙化石和植物化石（以裸子植物为主）主要分布于中心城区，主城都市区綦江、永川、璧山、江北、北碚、大足、铜梁、合川、潼南、长寿、渝东北的云阳、万州和渝东南黔江等地。重庆恐龙化石具有分布范围广、区域富集、个体完整度高、数量多、种类丰富的特点，重庆也因此被誉为是"建在恐龙脊背上的城市"。其中沙溪庙组是恐龙化石赋存最多的层位，同时也是鱼类、龟鳖类分布最多的层位（其次为自流井组）；新田沟组恐龙化石出露较少，仅在永川、

北碚和云阳有化石出露，但却是水生爬行类化石（主要为蛇颈龙类）赋存最多的层位；自流井组恐龙化石在重庆分布稀少，目前仅在渝北花石沟有化石出露。

　　哺乳动物最早出现于晚三叠世，到白垩纪末开始繁盛，进入第四纪后达到了顶峰，逐渐成为新生代地球上占绝对优势的统治者，直至人类文明的出现，并延续至今。新生代哺乳动物和古人类化石主要集中在三峡库区，以万州盐井沟动物群最为典型，发现了华南地区更新世典型古动物群——大熊猫-剑齿象动物群，并在丰都、秀山、酉阳、石柱等高山灰岩地区均有一定的发现。

附表　重庆市地史演化进程表

地史演化顺序	地质时代			地质年龄 Ma	构造演化 阶段	生物进化阶段		重庆主要地质历史大事件	
	宙	代	纪			动物	植物		
	显生宙	新生代	第四纪	现今	喜马拉雅阶段	人类出现	被子植物繁盛	重庆现代地貌基本定型	重庆周边山脉河流基本定型
				2.58					
			新近纪	23.03		哺乳动物繁盛		重庆现代地形地貌形成时期	重庆地区持续性抬升，长江流域及其支流几度下切形成了现今境内沟壑纵横、层峦叠峰、北高南低、南北高差较大的多元地貌
			古近纪						
				66					
		中生代	白垩纪	145	燕山阶段	以恐龙为代表的动物繁盛	裸子植物及蕨类植物繁盛	地壳再次上升地形成内陆湖	受东部太平洋剧烈活动的影响，重庆地区受到强有力的挤压，形成一系列的隆升、断裂构造
			侏罗纪						
				201.4				重庆地区沧海桑田海陆变迁期	地壳再次下沉，重庆大部分地区逐渐被海水淹没，海陆交替的环境孕育了重庆部分地区煤炭等矿产资源；三叠纪晚期海水退去，重庆地区上升为陆地，植物繁盛
			三叠纪		印支阶段				
				251.9					
		古生代	晚古生代	二叠纪	海西阶段	两栖动物繁盛	蕨类植物繁盛		
				298.9					
				石炭纪				鱼类繁盛	蕨类植物繁盛	海水逐渐退去，重庆地区上升为陆地，仅在部分区域出露上泥盆统和中石炭统
				358.9					
				泥盆纪					
				419.2					
			早古生代	志留纪	加里东阶段	三叶虫等海洋无脊椎动物繁盛	菌藻类繁盛		重庆地区是一片汪洋大海，广阔海洋成为三叶虫、角石、笔石、腕足类等远古海洋生物的乐园。早志留世晚期地层抬升被剥蚀，重庆未出露志留纪中晚期地层
				443.8					
				奥陶纪					
				485.4					
				寒武纪		寒武纪生命大爆发			
				538.8					
	元古宙	新元古代	震旦纪	635	晋宁阶段	无脊椎动物出现		重庆地区基底的形成期	
			南华纪	720					全球范围的"雪球事件"
			青白口纪	1000		真核生物出现			分散的古陆核逐渐聚合形成重庆地区统一的褶皱基底；七曜山基底断裂在这一时期逐渐形成
		中元古代	蓟县纪	1400					
			长城纪	1600	吕梁阶段	绿藻生物不断壮大			
		古元古代		2500					
	太古宙	太古代	新太古代	2800		原核生物出现		地球的形成期	原始地壳逐渐形成，原始海洋逐渐显现
			中太古代	3200					
			古太古代	3600		生命迹象出现			
			始太古代	4000		生命孕育期			天体碰撞大幅减少，地球表面慢慢冷却
	冥古宙			4567		天体碰撞期			剧烈的碰撞使地球成为无边无际的岩浆海

注：本表以2023年国际地质年代表为原型，略有改动。

主要参考文献

代辉，胡旭峰，佘海东，等．2019.山城龙迹 走进重庆恐龙世界［M］.北京：科学出版社．

杜远生，童金南，何卫红，等．2022.古生物地史学概论（第三版）［M］.武汉：中国地质大学出版社．

范方显．2007.古生物学教程［M］.东营：中国石油大学出版社．

葛颂，顾红雅，饶广远，等．2016.生物进化（译）［M］.北京：高等教育出版社．

胡以德，罗向奎．2017.重庆地质之最［M］.重庆：重庆大学出版社．

童金南，殷鸿福．2017.古生物学［M］.北京：高等教育出版社．

魏光飚，雷庭军，黄合．2020.古人类学视角下的重庆根文化溯源［J］.城市地理，(10): 76–85.

谢斌，张锋．2019.重庆地质奇观［M］.重庆：重庆大学出版社．

张锋．2021.探秘巴渝远古生物［M］.重庆：重庆大学出版社．

张锋，胡旭峰，王荀仟，等．2015.重庆綦江中侏罗世木化石群的发现及其科学意义［J］.古生物学报，54(2): 261–266.

张锋，王丰平，李伟，等．2016.重庆綦江古剑山上侏罗统蓬莱镇组木化石群的发现及其科学意义［J］.古生物学报，55(2): 207–213.

《中国古脊椎动物志》委员会．2015.中国古脊椎动物志（第二卷）两栖类 爬行类 鸟类 第八册（总第十二册）中生代爬行类和鸟类足迹［M］.北京：科学出版社．

ANDREEV P S, SANSOM I J, LI Q, et al., 2022a. The oldest gnathostome teeth［J］. Nature, 609: 964–968.

ANDREEV P S, SANSOM I J, LI Q, et al., 2022b. Spiny chondrichthyan from the lower Silurian of South China［J］. Nature, 609: 969–974.

DAI H, MA Q Y, HU X F, et al., 2020. A New Dinosaur Fauna is Discovered in Yunyang, Chongqing, China [J]. Acta Geologica Sinica (English Edition), 94(1): 216–217.

GAI Z K, LI Q, FERRÓN H G, et al., 2022. Galeaspid anatomy and origin of vertebrate paired appendages [J]. Nature, 609(7929): 959–963.

WANG H, DUNLOP J, GAI Z K, et al., 2021. First mixopterid eurypterids (Arthropoda: Chelicerata) from the Lower Silurian of South China [J]. Science Bulletin, 66(22): 2277–2280.

XING L D, DAI H, LOCKLEY M G, et al., 2017. Two new dinosaur tracksites from the Lower Cretaceous Jiaguan Formation of Sichuan Basin, China: specific preservation and ichnotaxonomy [J/OL]. Historical Biology, https://doi.org/10.1080/08912963.2017.1326113.

XING L D, DAI H, WEI G B, et al., 2020. The Early Jurassic *Kayentapus* dominated tracks from Chongqing, China [J]. Historical Biology, 33(10): 2504–2519.

XING L D, LOCKLEY M G, MARTY D, et al., 2015. An Ornithopod-Dominated Tracksite from the Lower Cretaceous Jiaguan Formation (Barremian–Albian) of Qijiang, South-Central China: New Discoveries, Ichnotaxonomy, Preservation and Palaeoecology [J/OL]. Plos One, doi:10.1371/journal.pone.0141059.

XING L D, LOCKLEY M G, MARTY D, et al., 2016. Wide-gauge sauropod trackways from the Early Jurassic of Sichuan, China: oldest sauropod trackways from Asia with special emphasis on a specimen showing a narrow turn [J]. Swiss Journal of Geosciences, 109(3): 1–14.

ZHU Y A, LI Q, LU J, et al., 2022. The oldest complete jawed vertebrates from the early Silurian of China [J]. Nature, 609: 954–958.